AF580235

Pièce
13

GÉOMÉTRIE DU TRIANGLE

# SUR QUELQUES
# CERCLES REMARQUABLES

(CERCLES DE NEUBERG ET DE M'CAY)

PAR

Émile VIGARIÉ

Extrait du *Journal de Mathématiques élémentaires, 1887.*

DÉPÔT LÉGAL
Seine

PARIS
LIBRAIRIE CH. DELAGRAVE
15, RUE SOUFFLOT, 15

1887

GÉOMÉTRIE DU TRIANGLE

SUR QUELQUES

# CERCLES REMARQUABLES

(CERCLES DE NEUBERG ET DE M'CAY)

## I

### CERCLES DE NEUBERG (*)

**1. Définition.** — Étant donné un triangle ABC, si l'on construit, sur l'un des côtés, des triangles ayant même angle de Brocard que le triangle ABC, le sommet libre décrit une circonférence.

Les trois circonférences ainsi obtenues, que nous désignerons par $N_a$, $N_b$, $N_c$ sont appelés *Cercles de Neuberg*, du nom du savant professeur de l'Université de Liège, qui, le premier, a étudié ces cercles et les a signalés à l'attention des géomètres.

(*) On peut consulter sur les cercles de Neuberg et de M'Cay les ouvrages suivants :

J. Neuberg. — *Mathesis*, tome II 1882 pp. 94, 76, 157, 186.

J. Casey. — *A Treatise on Analytical Geometry*. 1885 pp. 73, 107, 120, 248 256, 258-259, 326; *A Sequel to Euclid*, 4me édit., 1886 pp. 207-208, 213-214.

M'Cay. — *Transactions of the Royal Irish Academy*, vol. XVIII pp. 453-470. Le mémoire a pour titre : *On three Circles related to a triangle.*

Les *Cercles de Neuberg et de M'Cay* dont il est ici question ne sont pas des cas particuliers des *Cercles de Tücker*, comme on pourrait le croire d'après ce que nous avons dit (J.-E. 1886 p. 227).

Les cercles que nous avions alors en vue, bien que dus à MM. Neuberg et M'Cay, ont reçu d'autres noms : nous les étudierons d'ailleurs avec les *Cercles de Lemoine et de Taylor* dans un prochain article.

Ces cercles remarquables jouissent de propriétés intéressantes que nous allons faire connaître, en utilisant des notes que M. Neuberg a bien voulu mettre à notre disposition.

**2. Théorème I.** — *Si sur le côté* BC *du triangle* ABC *on construit les triangles*

$$BCA_1, \quad CA_2B, \quad A_3CB, \quad CBA_4, \quad BA_5C$$

*équiangles avec* ABC (*), *les points* $A$, $A_1$, $A_2$, $A_3$, $A_4$, $A_5$ *sont sur une même circonférence* (**).

En effet, les points A et $A_3$, $A_1$ et $A_4$, $A_2$ et $A_5$ sont symétriques par rapport à la perpendiculaire élevée au milieu de BC, donc le trapèze $AA_3A_1A_4$ est isocèle et par suite inscriptible. Le quadrilatère $AA_3A_2A_4$ est aussi inscriptible, par conséquent la circonférence $AA_3A_4$ passe par les points $A_1$ et $A_2$. On démontrerait de même qu'elle passe par le point $A_5$.

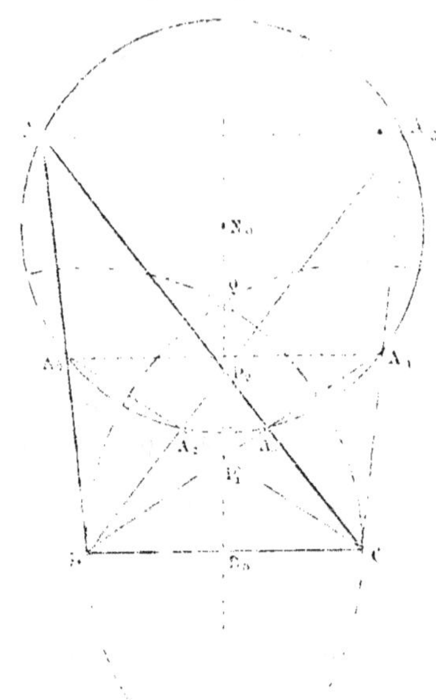

Remarque. — Il est facile de voir que *le triangle* $AA_2A_1$ *est directement semblable et le triangle* $A_3A_5A_4$ *inversement semblable à* ABC.

**Corollaire I.** — *Si sur une même base* BC *on construit trois triangles isocèles* PBC, $P_1BC$, $P_2BC$ *tels que les angles à la base comptés du même côté de* BC *et dans le même sens, aient une somme égale à* $\pi$, *les côtés s'entrecoupent en six points d'une même circonférence.*

(*) Lorsqu'il s'agira de triangles semblables ou de triangles homologiques, nous aurons soin de placer les sommets homologues dans le même ordre. Ainsi, pour le triangle $BCA_1$ comparé à ABC : B est l'homologue de A ; C, l'homologue de B ; et $A_1$, l'homologue de C.

(**) Ce théorème a été énoncé pour la première fois par M. J. Neuberg (*Mathesis*, 1882, pp. 94, 157.)

Cette proposition ne diffère du théorème I que par la forme donnée à l'énoncé.

**Corollaire II.** — *Les puissances des points* B *et* C *par rapport au cercle* $AA_1A_2$ *sont égales à* $BC^2$.

En effet, de la similitude des triangles ABC, $CBA_4$ on conclut :

$$BC^2 = BA_4 . BA.$$

**3. Théorème II.** — *Étant donnés deux cercles égaux* (B) *et* (C) *dont chacun passe par le centre de l'autre, si l'on décrit un troisième cercle* $N_a$ *coupant orthogonalement les premiers et que l'on joigne un point quelconque* A *de* $N_a$ *aux centres* B *et* C *des premiers cercles, les sommets des triangles, semblables à* ABC, *et construits sur* BC, *appartiennent également au cercle* $N_a$.

En effet, d'après le théorème I, les sommets de ces triangles se trouvent sur une circonférence passant par A et coupant orthogonalement les cercles décrits de B et C comme centres avec BC pour rayon. Or, il n'y a qu'une seule circonférence coupant à angle droit les cercles (B) et (C) et passant par A. Le théorème II est donc démontré.

Le théorème II qui est le réciproque du théorème I peut se démontrer directement de la manière suivante :

Soient $A_4$ et $A_5$ les points de rencontre du cercle $N_a$ avec AB et AC. L'égalité

$$BC^2 = BA_4 . BA$$

qui résulte de ce que les cercles $(N_a)$ et (B) sont orthogonaux entraîne la similitude des triangles ABC, $CBA_4$.

Pour la même raison ABC est semblable à $BA_5C$, les droites $CA_4$, $BA_5$ rencontrent le cercle $N_a$ en deux points $A_2$, $A_1$ sommets de triangles semblables à ABC. De même les droites $BA_2$, $CA_1$ doivent rencontrer la circonférence $N_a$ en des points sommets de triangles semblables à ABC et comme il n'y a plus qu'un seul triangle de cette espèce, $BA_2$, $CA_1$ se rencontrent sur le cercle $N_a$.

**Corollaire.** — *Si un cercle* $N_a$ *coupe orthogonalement deux cercles* (B) *et* (C) *dont chacun passe par le centre de l'autre, on* *peut inscrire au cercle* $N_a$ *une infinité d'hexagones tels que les côtés passent alternativement par les centres des cercles* (B) *et* (C).

Remarque. — Lorsque les points B et C sont donnés, le cercle $N_a$ est déterminé par son centre qu'on peut prendre arbitrairement sur la perpendiculaire élevée au milieu de BC, le carré de son rayon est égal à

$$\overline{N_aB}^2 - \overline{BC}^2.$$

Lorsque le cercle $N_a$ est donné, le point B est arbitraire et l'on obtient le point C en traçant le diamètre $N_aP$ dont la distance à B est égale à la moitié de la tangente issue de B et en prenant le symétrique de B par rapport à ce diamètre.

**4. Théorème III.** — *Étant donné un triangle* ABC, *le cercle* $N_a$ *qui passe par* A, *et dont les puissances par rapport à* B *et à* C *sont égales à* $\overline{BC}^2$, *jouit de la propriété que les triangles qui ont pour base* BC *et dont le sommet est sur la circonférence* N *ont même angle de Brocard que* ABC. (J. Neuberg, *Mathésis*, 1882, pp. 94, 186.)

En effet les éléments qui fixent le cercle $N_a$ par rapport à BC ne dépendent que du côté BC et de l'angle $\omega$ de Brocard.

Soit $D_a$ le milieu de BC et posons $N_aD_a = \delta_a$, $AN_a = \rho_a$. On a par hypothèse :

$$a^2 = \overline{N_aB}^2 - \rho_a^2 = \delta_a^2 + \frac{a^2}{4} - \rho_a^2,$$

ou

$$\rho_a^2 = \delta_a^2 - \frac{3a^2}{4}.$$

On a aussi en désignant par $h_a$ la hauteur abaissée de A sur BC et par $x$ la distance de $D_a$ au pied de cette hauteur :

$$\rho_a^2 = (h_a - \delta_a)^2 + x^2,$$

d'où, en égalant les deux valeurs de $\rho_a$ :

$$\delta_a^2 - \frac{3a^2}{4} = (h_a - \delta_a)^2 + x^2,$$

par suite :

$$\delta_a = \frac{h_a^2 + x^2 + \frac{3}{4}a^2}{2ha} = \frac{AD_a^2 + \frac{3}{4}a^2}{2h_a}.$$

ou, à cause de $b^2 + c^2 = 2AD_a^2 + \frac{a^2}{2}$ :

$$\delta_a = \frac{b^2 + c^2 + a^2}{4h_a} = a\,\frac{b^2 + c^2 + a^2}{8S} = \frac{a}{2}\,\text{cotg}\,\omega.$$

Il résulte de là que du point $N_a$ on voit BC sous l'angle $2\omega$. Donc ce cercle ne dépendant que de $a$ et $\omega$, reste le même lorsque le triangle ABC est remplacé par l'un quelconque des triangles de base BC et ayant l'angle de Brocard $\omega$.

**5. Rayons des cercles de Neuberg.** — D'après ce qui précède, le rayon du cercle $N_a$ sera :

$$\rho = \sqrt{\delta_a^2 - \frac{3}{4}a^2} = \frac{a}{2}\sqrt{\text{cotg}^2\omega - 3}.$$

On voit que le maximum de $\omega$ est 30° : c'est ce qui résulte aussi de la signification du cercle $N_a$ : le centre $N_a$ a pour position limite le sommet du triangle équilatéral construit sur BC.

**Corollaire I.** — On sait que le rayon du cercle de Brocard a pour expression

$$\rho = \frac{R}{2\,\text{cotg}\,\omega}\sqrt{\text{cotg}^2\omega - 3}$$

De là on conclut

$$\rho_a = \rho\,\frac{a}{R}\,\text{cotg}\,\omega = 2\rho\,\sin A\,\text{tg}\,\omega.$$

Ainsi :

*Les rayons des cercles de Neuberg* $N_a$, $N_b$, $N_c$ *sont aux côtes du premier triangle de Brocard comme* 1 *est à* tg $\omega$.

**Corollaire II.** — Le rapport de similitude des triangles $AA_2A_1$, ABC est :

$$\frac{\rho_a}{R} = \sin A\sqrt{\text{cotg}^2\omega - 3}$$

L'angle des côtés homologues de ces triangles est $\widehat{A_1AA_2}$ ; il est donné par une formule assez compliquée.

**6. Équation des cercles de Neuberg** (*). — *1° Coor-*

(*) Dans ce paragraphe et dans quelques-uns des suivants, l'article de

*données cartésiennes*. — Prenons pour axes des coordonnées le côté BC et la perpendiculaire élevée en son milieu et cherchons le lieu d'un point A tel que l'angle de Brocard du triangle ABC ait une valeur constante. $x$, $y$ étant les coordonnées du point A, on trouve :

$$\operatorname{cotg} C = \frac{\frac{a}{2} + x}{y}, \qquad \operatorname{cotg} B = \frac{\frac{a}{2} - x}{y},$$

$$\operatorname{cotg} A = \frac{1 - \operatorname{cotg} B \operatorname{cotg} C}{\operatorname{cotg} B + \operatorname{cotg} C} = \frac{x^2 + y^2 - \frac{a^2}{4}}{ay}.$$

Substituant ces valeurs dans l'équation

$$\operatorname{cotg} A + \operatorname{cotg} B + \operatorname{cotg} C = \operatorname{cotg} \omega,$$

on trouve

$$x^2 + y^2 - ay \operatorname{cotg} \omega + \frac{3a^2}{4} = 0.$$

Ce lieu est donc une circonférence telle que les tangentes issues de $D_a$ milieu de BC et de B soient respectivement égales à la hauteur du triangle équilatéral construit sur BC et au côté BC.

2° *Coordonnées barycentriques*. — L'équation d'un cercle quelconque est :

$$a^2\beta\gamma + b^2\alpha\gamma + c^2\alpha\beta - (A\alpha + B\beta + C\gamma)(\alpha + \beta + \gamma) = 0,$$

A, B, C étant les puissances des sommets de référence par rapport au cercle donné (*J. S.* 1886, p. 57). Les puissances de $N_a$ par rapport à ces sommets étant 0, $a^2$, $a^2$, les équations barycentriques des cercles de Neuberg seront :

$$N_a \; \ldots\ldots \; a^2\beta\gamma + b^2\alpha\gamma + c^2\alpha\beta - a^2(\beta + \gamma)(\alpha + \beta + \gamma) = 0,$$

$$N_b \; \ldots\ldots \; a^2\beta\gamma + b^2\alpha\gamma + c^2\alpha\beta - b^2(\gamma + \alpha)(\alpha + \beta + \gamma) = 0,$$

$$N_c \; \ldots\ldots \; a^2\beta\gamma + b^2\alpha\gamma + c^2\alpha\beta - c^2(\alpha + \beta)(\alpha + \beta + \gamma) = 0.$$

Les axes radicaux de ces cercles combinés avec le cercle ABC sont évidemment les parallèles à $a$, $b$, $c$, menées par A, B, C.

L'axe radical des cercles $N_b$ et $N_c$ a pour équation :

$$b^2(\alpha + \gamma) - c^2(\alpha + \beta) = 0$$

---

M. Vigarié emprunte certaines considérations analytiques, qui ne sont pas tout à fait élémentaires ; mais nous n'aurions pu les supprimer sans nuire sensiblement à l'ensemble du sujet traité. (G. DE LONGCHAMPS.)

Le centre radical satisfait à :

$$a^2(\beta + \gamma) = b^2(\alpha + \gamma) = c^2(\alpha + \beta) \qquad (1)$$

On sait que le point D centre d'homologie du triangle ABC et *du premier triangle de Brocard* a pour coordonnées barycentriques

$$\frac{1}{a^2}, \frac{1}{b^2}, \frac{1}{c^2}$$

Les formules (1) montrent que le centre radical des cercles $N_a$, $N_b$, $N_c$ est l'*anti-complémentaire* du point D.

Les trois triangles $N_aBC$, $N_bCA$, $N_cAB$ étant isocèles et semblables, les droites $AN_a$, $BN_b$, $CN_c$ se coupent en un même point de l'*hyperbole de Kiepert*. Ce point est le *point N de Tarry* (*) (Voir *J. S.* 1886, p. 75) on a donc ce théorème :

**7. Théorème IV.** — 1° *Le centre radical des trois cercles de Neuberg est l'anti-complémentaire du point* D. 2° *Les droites qui joignent* A, B, C *aux centres* $N_a$, $N_b$, $N_c$ *de ces cercles se coupent au point de Tarry.*

**8. Théorème V.** — *On construit sur les côtés* BC, CA, AB *du triangle* ABC *trois figures semblables* $F_a$, $F_b$, $F_c$ ; *soient* $I_a$, $I_b$, $I_c$ *trois points homologues. Si les droites* $AI_a$, $BI_b$ *sont parallèles, la droite* $CI_c$ *est parallèle à la même direction et les points* $I_a$, $I_b$, $I_c$ *qui jouissent de cette propriété décrivent les cercles de Neuberg* (**).

En effet, le point B considéré comme faisant partie de $F_b$ a pour homologue $A_2$ dans $F_a$ ; donc les $BI_b$, $A_2I_a$ lignes homologues de $F_b$, $F_a$ font l'angle C ; mais par hypothèse $BI_b$, $AI_a$ sont parallèles ; donc les lignes $AI_a$, $A_2I_a$ font entre elles l'angle

---

(*) Voici une démonstration géométrique de cette partie. Il faut démontrer que les droites $AN_a$, $BN_b$ se coupent sur le cercle ABC ou font entre elles un angle égal à C. Désignons par $F_a$, $F_b$, $F_c$ trois figures semblables construites sur BC, CA, AB. Les centres $N_a$, $N_b$ sont des points homologues de $F_a$, $F_b$. L'homologue de B considéré comme faisant partie de $F_b$ est dans $F_a$, le point $A_2$. Donc $BN_b$, $A_2N_a$ sont des lignes homologues de $F_b$, $F_a$ ; elles font entre elles l'angle C ; les rayons $N_aA_2$, $N_aA$ du triangle $AA_2A$ semblable à ABC font l'angle 2C : donc $AN_a$, $BN_b$ font entre elles l'angle C.

(**) Les n$^{os}$ 8 et 9 résolvent complètement la question proposée *J. E.*, 1882, p. 24. Comparer aussi *J. S.* 1886, p. 75. — J. Casey. *A treatise on conic sections*, pp. 248-253.

C. L'angle $\widehat{AA_1A_2}$ est aussi égal à C. De là on conclut que $I_a$ appartient au cercle $N_a$. De même $I_b$ appartient au cercle $N_b$.
Ce résultat peut s'énoncer ainsi :

*Si deux cordes des cercles $N_a$, $N_b$ menées par A et B sont constamment parallèles, leurs secondes extrémités sont des points homologues de $F_a$, $F_b$. Cette propriété s'étendant aux cercles $N_a$ $N_c$, on voit que $CI_c$ est parallèle à $AI_a$.*

**9. — Théorème VI.** — *Si l'on construit sur BC, CA, AB les triangles semblables $BCI_a$, $CAI_b$, $ABI_c$, les triangles ABC, $I_aI_bI_c$ ne sont homologiques que lorsque les triangles $BCI_a$, $CAI_b$, $ABI_c$ sont isocèles ou ont même angle de Brocard que ABC. Le centre d'homologie décrit dans le premier cas l'hyperbole de Kiepert et dans le second cas la droite de l'infini.*

Soient $\lambda$, $\mu$, $\nu$ les angles du triangle $BCI_a$.
L'équation de $AI_a$ en coordonnées normales est :

$$\frac{y}{z} = \frac{I_aC\sin(C-\mu)}{I_aB\sin(B-\lambda)} = \frac{\sin\lambda\sin(C-\mu)}{\sin\mu\sin(B-\lambda)} = \frac{\sin C}{\sin B}\cdot\frac{\operatorname{cotg}\mu-\operatorname{cotg}C}{\operatorname{cotg}\lambda-\operatorname{cotg}B}$$

De même pour $BI_b$, $CI_c$ :

$$\frac{z}{x} = \frac{\sin A}{\sin C}\cdot\frac{\operatorname{cotg}\mu-\operatorname{cotg}A}{\operatorname{cotg}\lambda-\operatorname{cotg}C};$$

$$\frac{x}{y} = \frac{\sin B}{\sin A}\cdot\frac{\operatorname{cotg}\mu-\operatorname{cotg}B}{\operatorname{cotg}\lambda-\operatorname{cotg}A};$$

Si ces droites concourent en un même point, les équations précédentes sont simultanées. Or, de leur multiplication on tire :

$$(\operatorname{cotg}\mu-\operatorname{cotg}A)(\operatorname{cotg}\mu-\operatorname{cotg}B)(\operatorname{cotg}\mu-\operatorname{cotg}C)$$
$$=(\operatorname{cotg}\lambda-\operatorname{cotg}A)(\operatorname{cotg}\lambda-\operatorname{cotg}B)(\operatorname{cotg}\lambda-\operatorname{cotg}C).$$

ou bien

$$(\operatorname{cotg}^3\mu-\operatorname{cotg}^3\lambda)-(\operatorname{cotg}^2\mu-\operatorname{cotg}^2\lambda)\Sigma\operatorname{cotg}A$$
$$+(\operatorname{cotg}\mu-\operatorname{cotg}\lambda)\Sigma\operatorname{cotg}A\operatorname{cotg}B=0.$$

Cette équation se décompose en deux facteurs:

$$1^\circ\quad \operatorname{cotg}\mu-\operatorname{cotg}\lambda=0,$$

les triangles semblables construits sur BC, CA, AB sont isocèles;

$$2^\circ\ \operatorname{cotg}^2\mu+\operatorname{cotg}\mu\operatorname{cotg}\lambda+\operatorname{cotg}^2\lambda-(\operatorname{cotg}\mu+\operatorname{cotg}\lambda)\operatorname{cotg}\omega+1=0.$$

Additionnant à cette égalité l'identité suivante :

$$\cot\mu\cot\lambda+\cot\lambda\cot\nu+\cot\mu\cot\nu-1=0,$$

qui a lieu entre les trois angles du triangle $BCI_a$, on trouve :

$$(\cot\mu+\cot\lambda)(\cot\lambda+\cot\mu+\cot\nu-\cot\omega)=0,$$

ce qui montre que le triangle $BCI_a$ a même angle de Brocard $\omega$ que ABC.

Pour avoir le lieu du centre d'homologie, mettons les droites $AI_a$, $BI_b$, $CI_c$ sous la forme

$$y\sin B\cot\lambda-z\sin C\cot\mu=y\cos B-z\cos C,$$
$$z\sin C\cot\lambda-x\sin A\cot\mu=z\cos C-x\cos A,$$
$$x\sin A\cot\lambda-y\sin B\cot\mu=x\cos A-y\cos B,$$

et éliminons $\cot\lambda$, $\cot\mu$. En ajoutant on trouve :

$$(x\sin A+y\sin B+z\sin C)(\cot\lambda-\cot\mu)=0.$$

Donc si $\cot\lambda\neq\cot\mu$ le lieu est la droite de l'infini

$$x\sin A+y\sin B+z\sin C=0.$$

Si $\cot\lambda=\cot\mu$, les équations des droites $AI_a$, $BI_b$, CI seront:

$$\frac{y}{z}=\frac{\sin(C-\mu)}{\sin(B-\mu)},\quad \frac{z}{x}=\frac{\sin(A-\mu)}{\sin(C-\mu)},\quad \frac{x}{y}=\frac{\sin(B-\mu)}{\sin(A-\mu)};$$

le centre d'homologie des triangles ABC, $I_aI_bI_c$ satisfait donc aux équations :

$$y\sin(B-\mu)=z\sin(C-\mu)=x\sin(A-\mu).$$

Les coordonnées de ce point sont donc inversement proportionnelles à $\sin(A-\mu)$, $\sin(B-\mu)$, $\sin(C-\mu)$ et l'on peut poser :

$$\sin A\cos\mu-\cos A\sin\mu=\frac{\rho}{x},$$

$$\sin B\cos\mu-\cos B\sin\mu=\frac{\rho}{y},$$

$$\sin C\cos\mu-\cos C\sin\mu=\frac{\rho}{z},$$

$\rho$ étant une variable d'homogénéité. L'élimination de $\cos\mu$, $\sin\mu$, $\rho$ donne :

$$\begin{vmatrix}\sin A & \cos A & \frac{1}{x}\\ \sin B & \cos B & \frac{1}{y}\\ \sin C & \cos C & \frac{1}{z}\end{vmatrix}=0.$$

ou en coordonnées normales :

$$\sum \frac{\sin(B - C)}{x} = 0,$$

et en coordonnées barycentriques :

$$\sum \frac{\sin A \sin(B - C)}{\alpha} = 0, \quad \text{ou} \quad \sum \frac{b^2 - c^2}{\alpha} = 0.$$

C'est l'équation de l'*hyperbole de Kiepert.*

## II

### CERCLES DE M'CAY

**10. Définition.** — Si l'on construit, sur les trois côtés BC, CA, AB d'un triangle ABC comme segments homologues, des figures semblables $F_a$, $F_b$, $F_c$ il existe une infinité de systèmes de trois points en ligne droite; ces points décrivent trois circonférences $M_a$, $M_b$, $M_c$ qui ont reçu la dénomination de *cercles de M'Cay.*

Ces cercles remarquables que nous allons faire connaître ont été étudiés particulièrement par M. M'Cay *(Transactions of the Royal Irish Academy,* vol. XVIII, pp. 453-470) et dans une lettre adressée à M. Casey. M. Neuberg qui les avait déjà signalés dans *Mathesis* (t. I, p. 76), a proposé de les appeler *Cercles de M'Cay* (J. Casey, *A Treatise...*, p. 253).

**11. Lemme I.** — *Si l'on construit trois triangles semblables* $BCJ_a$, $CAJ_b$, $ABJ_c$, *le centre de gravité du triangle* $J_aJ_bJ_c$ *coïncide avec celui de* ABC (*).

Ce théorème, dans le cas particulier où les points $J_a$, $J_b$,

(*) Ce théorème généralisé par M. Laisant (A. F. *Congrès du Havre*, 1877) et par M. Neuberg (*Nouvelle Correspondance*, t. VI, p. 475) peut s'énoncer ainsi : (voir *Mathesis*, t. I, p. 167; t. II, pp, 59, 76).

*Si, sur les côtés d'un polygone plan* $A_1A_2 \ldots A_nA_1$, *on construit des triangles semblables* $A_1B_1A_2$, $A_2B_2A_3$ ... $A_nB_nA_1$, *les deux systèmes de points* ($A_1$, $A_2$ ... $A_n$), ($B_1$, $B_2$ ... $B_n$) *ont même centre des moyennes distances.*

M. Laisant a ensuite communiqué à M. Neuberg (voir *Mathesis*, t. II, 1882, p. 59) la généralisation suivante :

*On fait tourner les côtés d'un polygone gauche* $A_1A_2 \ldots A_nA_1$, *d'un même angle* $\alpha$ *et dans le même sens, autour des axes parallèles* $A_1U_1$, $A_2U_2$ ... $A_nU_n$; *sur les nouvelles positions* $A_1A'_2$, $A_2A'_3$ ... $A_nA'_1$ *de ces côtés, on prend les longueurs* $A_1B_1$, $A_2B_2$ ... $A_nB_n$ *proportionnelles à* $A_1A_2$, $A_2A_3$, ... $A_nA_1$. *Les deux systèmes de points* ($A_1$, $A_2$, $A_3$ ... $A_n$), ($B_1$, $B_2$, $B_3$ ... $B_n$) *ont même centre des moyennes distances.*

$J_c$ divisent les côtés du triangle dans le même rapport, se rencontre déjà dans les *Collections mathématiques de Pappus* (voir *l'Aperçu historique* de Chasles, p. 44). Le cas général a été signalé par M. Laisant au congrès du Havre (*Associat. française*, 1877) et par M. J. Neuberg dans la *Nouvelle correspondance mathématique* de M. Catalan (1880, pp. 475 et 512). M. Neuberg nous en communique la démonstration suivante :

Soient G le centre de gravité de ABC, $m$ le milieu de BC. Si on imprime au sommet A le déplacement $AA_1$ le centre de gravité $\alpha$ du triangle $A_1BC$ sera sur une parallèle $G\alpha$ à $AA_1$ et $G\alpha = \frac{1}{3} AA_1$. Autrement dit; quand un sommet subit un déplacement $AA_1$, le centre de gravité subit, dans une direction parallèle, un déplacement trois fois moindre. Supposons que les trois sommets éprouvent des déplacements $AA_1$, $BB_1$, $CC_1$. Pour avoir le centre de gravité du triangle $A_1B_1C_1$ il suffit de mener

$$G\alpha \text{ parallèle à } AA_1 \text{ et égale à } \frac{1}{3} AA_1,$$

$$\alpha\beta \text{ parallèle à } BB_1 \text{ et égale à } \frac{1}{3} BB_1,$$

$$\beta\gamma \text{ parallèle à } CC_1 \text{ et égale à } \frac{1}{3} CC_1.$$

Si les trois triangles $ABA_1$, $BCB_1$, $CAC_1$ sont semblables, les droites $AA_1$, $BB_1$, $CC_1$ sont proportionnelles à AB, BC, CA et forment entre elles des angles égaux aux angles B, C, A du triangle ABC. Donc la ligne $G\alpha\beta\gamma$ se ferme d'elle-même et $\gamma$ coïncide avec G.

La même démonstration s'étend à un polygone.

**12. Lemme II.** — *Deux figures semblables et semblablement disposées peuvent toujours être rendues homothétiques par une rotation autour d'un point de son plan. Ce point est appelé* centre de similitude *ou* point double.

Étant donné un système quelconque points A, B, C ... si sur les rayons vecteurs SA, SB, SC..., on détermine les points A′, B′, C′... tels que

$$\frac{SA'}{SA} = \frac{SB'}{SB} = \frac{SC'}{SC} = \ldots = K.$$

on a deux systèmes homothétiques; les droites qui joignent deux couples de points homologues tels que AB, A'B' sont parallèles et dans le rapport 1 : K. Si on fait tourner le second système A'B'C' autour de S, il vient se placer par exemple en A"B"C". Les systèmes ABC, A"B"C" sont simplement semblables, par conséquent ils se correspondent points par points de manière que les segments homologues A"B" et AB sont dans le rapport constant K et font entre eux l'angle $\alpha$.

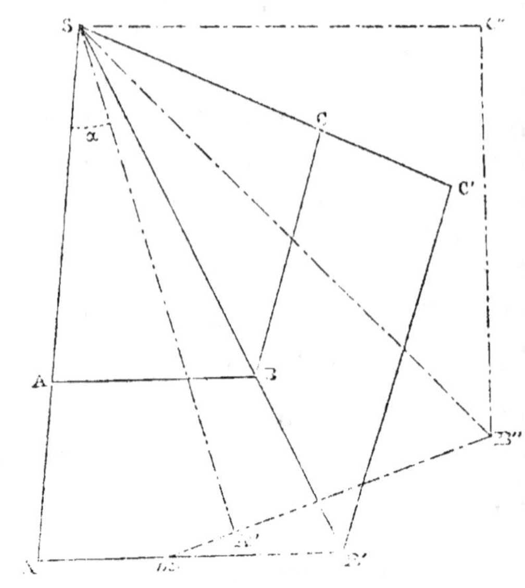


Réciproquement, si deux systèmes A"B"C"... et ABC... jouissent de cette propriété, on peut trouver un point S tel qu'une rotation autour de ce point rend les systèmes homothétiques ; ce point se trouve à l'intersection des circonférences $m$A'B", $m$B'B".

Lorsqu'on connaît le point double S et la figure ABC... on passe à la figure semblable A"B"C"... en faisant tourner les rayons vecteurs SA, SB, SC... d'un angle constant $\alpha$, et en modifiant les longueurs de ces rayons dans le rapport constant K.

Construisons un angle $\alpha\Sigma\alpha''$ égal à l'angle de rotation $\alpha$ et prenons les côtés $\Sigma\alpha$, $\Sigma\alpha''$ dans le rapport K : 1. Tous les triangles SAA", SBB" seront semblables à $\Sigma\alpha\alpha''$. Ce triangle $\Sigma\alpha\alpha''$ indique donc la déformation qu'il faut faire subir à la figure ABC... pour passer à la figure A"B"C"... un tel triangle peut être appelé *triangle modulaire* de $F_a$ et $F_b$, parce qu'il indique le mode de déformation.

Soient maintenant $F_a$, $F_b$, $F_c$ trois figures semblables, $S_a$ le point double de $F_b$ et $F_c$, $S_b$ celui de $F_a$ et $F_c$, $S_c$ celui de $F_a$ et $F_b$.

Une rotation de $F_a$ autour de $S_c$ rend $F_a$ homothétique à $F_b$;
— $F_b$ — $S_a$ — $F_b$ — $F_c$;
— $F_c$ — $S_b$ — $F_c$ — $F_a$.

Ces trois rotations combinées avec les modifications des rayons vecteurs dans les rapports $\frac{a}{b}$, $\frac{b}{c}$, $\frac{c}{a}$, où $a$, $b$, $c$, sont trois segments homologues de $F_a$, $F_b$, $F_c$ changent $F_a$ en $F_b$, $F_b$ en $F_c$, $F_c$ en $F_a$ c'est-à-dire reproduisent la première figure; il en résulte que le triangle modulaire correspondant à $F_a$ et $F_b$ étant $\alpha S\beta$, celui de $F_b$ et $F_c$ étant $\beta S\gamma$, celui de $F_a$ et $F_c$ est nécessairement $\gamma S\alpha$.

Si donc $J_a$, $J_b$, $J_c$ sont trois points homologues de $F_a$, $F_b$, $F_c$, les triangles $J_aJ_bS_c$, $J_bJ_cS_a$, $J_cJ_aS_b$ seront semblables à $\alpha\beta S$, $\beta\gamma S$, $\gamma\alpha S$.

**13. Théorème VII.** — *Dans les figures semblables* $F_a$, $F_b$, $F_c$, *construites sur* BC, CA, AB, *on peut trouver une infinité de systèmes de trois points homologues* $J_a$, $J_b$, $J_c$ *en ligne droite: ces points décrivent trois circonférences* $M_a$, $M_b$, $M_c$ *: la droite* $J_aJ_bJ_c$ *tourne autour du centre de gravité* G *de* ABC (*).

[PR]EMIÈRE DÉMONSTRATION (J. Neuberg). — Soient

$S_a$ le point double de $F_b$, $F_c$;
$S_b$ — — $F_c$, $F_a$;
$S_c$ — — $F_a$, $F_b$.

$S_aS_bS_c$ est le second triangle de Brocard.

Soient aussi $S\alpha\beta$, $S\beta\gamma$, $S\gamma\alpha$ les *triangles modulaires*.

Les triangles $J_aJ_bJ_c$, $J_bJ_cJ_a$ seront semblables à $\alpha\beta S$, $\beta\gamma S$; par conséquent l'angle $S_cJ_bS_a$ est égal à $\pi - \alpha\beta\gamma$. Donc le point $J_b$ décrit une circonférence $M_b$ passant par $S_a$, $S_c$. De même les points $J_a$, $J_c$ décrivent des circonférences $M_a$, $M_c$ passant par $S_b$, $S_c$ et $S_a$, $S_b$. Ces circonférences se coupent en un point M parce que les angles des segments capables sont supplémentaires des trois angles du triangle $\alpha\beta\gamma$. L'angle $S_aJ_bJ_c$ étant constant, l'arc qu'il intercepte sur la circonférence $M_b$ est constant; donc $J_aJ_c$ passe par un point fixe du cercle $M_b$. Cette droite passe aussi par un point fixe

(*) A cause de l'importance de cette proposition, nous en donnons plusieurs démonstrations différentes, dues à trois savants géomètres.

des cercles $M_a$, $M_c$. Ces trois points fixes coïncident nécessairement avec le point commun aux trois cercles; sans quoi, la droite $J_aJ_bJ_c$ serait unique, ce qui est impossible.

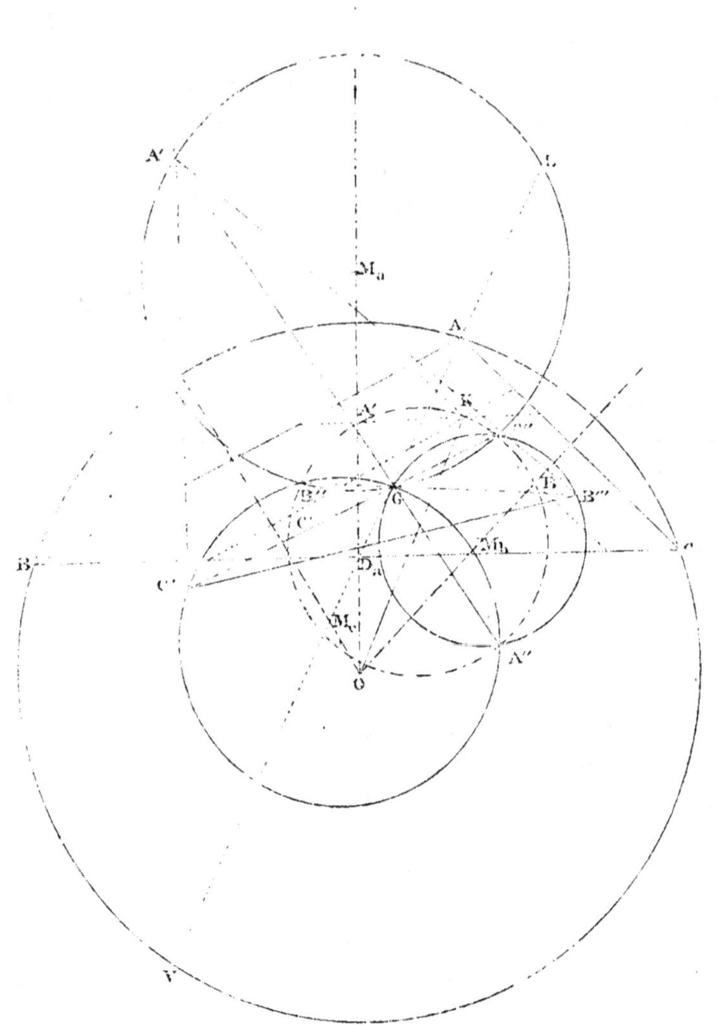


Ce point M, dans le cas où $F_a$, $F_b$, $F_c$ sont construites sur ces côtés BC, CA, AB, coïncide avec le centre de gravité G.

Deuxième Démonstration (M'Cay). — Les trois points homologues $J_a$, $J_b$, $J_c$ sont situés sur une même ligne droite L.

Comme G est le centre de gravité de $J_aJ_bJ_c$, L passe nécessairement par G.

Si l'on considère L comme une droite de $F_a$, il lui correspond dans $F_b$ une droite L′ passant par $J_b$ et par G′ homologue de G considéré comme faisant partie de $F_a$. Mais l'angle de L et L′ est constant et égal à $\widehat{BCA}$, dont $J_b$ est sur la circonférence du segment capable de l'angle C et décrit sur GG′.

De même si G″ et L″ sont dans $F_c$ les homologues de G et L considérés dans $F_a$, on voit que $J_c$ est sur la circonférence du segment capable de l'angle A décrit sur GG″ (*).

Le point $S_a$ sera son propre homologue dans $F_b$, $F_c$ et correspondra à un certain point $S'_a$ de $F_a$. Les points $S'_a$, $S_a$, $S_a$ forment donc un système de points homologues de $F_a$, $F_b$, $F_c$ qu'on peut considérer comme positions particulières de $J_a$, $J_b$, $J_c$.

Concluons de là que les circonférences $M_a$, $M_b$, $M_c$ lieux des points $J_a$, $J_b$, $J_c$ passent respectivement par

$M_a$ ... G, $S'_a$, $S_b$, $S_c$,
$M_b$ ... G, $S_a$, $S'_b$, $S_c$.
$M_c$ ... G, $S_a$, $S_b$, $S'_c$.

Les points $S_a$, $S_b$, $S_c$ sont les projections de O sur les symédianes de ABC, ce sont les sommets du *second triangle de Brocard*. Les points $S'_a$, $S'_b$, $S'_c$ sont les sommets du *troisième triangle de Brocard* (voir § 16).

**Corollaire.** — *Les axes radicaux du cercle de Brocard avec les cercles* $M_a$, $M_b$, $M_c$ *de M'Cay sont les côtés du second triangle de Brocard.*

Troisième Démonstration (J. Casey). — Soient $I_a$, $I_b$, $I_c$ trois points de $F_a$, $F_b$, $F_c$ extrémités de trois cordes parallèles des cercles de Neuberg $N_a$, $N_b$, $N_c$. Soient aussi $D_a$, $D_b$, $D_c$ les milieux des côtés de ABC. Divisons les droites $D_aI_a$, $D_bI_b$, $D_cI_c$ aux points $J_a$, $J_b$, $J_c$ dans le rapport 1 : 2. Les droites $GJ_a$, $GJ_b$, $GJ_c$ seront respectivement parallèles à $AI_a$, $BI_b$, $CI_c$; donc elles se confondent.

(*) G, G′, G″ étant trois points homologues, G est leur centre de gravité; donc G′ et G″ sont symétriques par rapport à G

**14. Équations des cercles de M'Cay.** — *1° Coordonnées barycentriques.* Les coordonnées barycentriques de $J_a$ et D étant respectivement

$$(\alpha, \beta, \gamma)\left(0, \frac{1}{2}, \frac{1}{2}\right)$$

les coordonnées de $I_a$ sont

$$(3\alpha, \quad 3\beta - 1, \quad 3\gamma - 1)$$

ou bien $$(3\alpha, \quad -\alpha + 2\beta - \gamma, \quad -\alpha - \beta + 2\gamma).$$

En portant ces valeurs dans l'équation barycentrique du cercle $N_a$ de Neuberg, on trouve l'équation du cercle $M_a$ de M'Cay :

$$\sum a^2\beta\gamma - \frac{1}{3}\sum \alpha(2bc\cos A.\alpha + a^2\beta + a^2\gamma) = 0.$$

Les équations des cercles $M_b$, $M_c$ sont analogues.

2° *Coordonnées cartésiennes.* — En prenant pour axes BC et la perpendiculaire élevée en son milieu, on trouve que le cercle $M_a$ a pour équation

$$x^2 + y^2 - \frac{ay\cot\omega}{3} + \frac{a^2}{12} = 0.$$

On aurait de même les équations des deux autres cercles de M'Cay.

On voit immédiatement que :

*Les cercles de Neuberg et de M'Cay ont leurs centres situés deux à deux sur les médiatrices du triangle* (perpendiculaires aux milieux des côtés).

**15.** — Soient O le centre du cercle circonscrit à ABC et A'B'C' le premier triangle de Brocard, on a

$$OM_a = \frac{a\cot\omega}{6}, \qquad OA' = \frac{a\,\mathrm{tg}\,\omega}{2}.$$

Donc $$OM_a.OA' = \frac{a^2}{12},$$

c'est l'expression de la puissance du point O par rapport à $M_a$. Si donc, K est le point de Lemoine de ABC, on voit que A'K est la polaire de D, par rapport à $M_a$ et que A' est le pôle de BC par rapport à $M_a$, nous avons ainsi cette proposition :

*Les sommets du premier triangle de Brocard sont respectivement, par rapport aux cercles de M'Cay, les pôles des côtés du triangle* ABC.

**16. Définition.** — Si A″B″C″ est le *second triangle de Brocard*, les droites A″G, B″G, C″G coupent respectivement les cercles de M'Cay aux points A‴, B‴, C‴. Le triangle A‴B‴C‴ dont les côtés sont doubles de ceux A″B″C″ est appelé par M. Casey (*A Treatise*... p. 255) le *troisième triangle de Brocard*. Il est facile de voir que *les sommets du troisième triangle de Brocard sont les anti-complémentaires des sommets du second triangle de Brocard*. Ses sommets sont les points $S'_a$, $S'_b$, $S'_c$ (voir § 13).

**17.** — Pour ne pas allonger démesurément cette note, nous énoncerons simplement, en terminant, quelques propriétés des cercles de M'Cay :

1° Si, par le centre de gravité, on mène une tangente à l'un des *cercles de M'Cay*, les cordes interceptées dans les deux autres cercles sont égales.

2° Le cercle $M_a$ est le lieu des centres de gravité de tous les triangles décrits sur BC et ayant même *angle de Brocard* que le triangle donné.

3° Si la médiane $D_aA$ coupe $M_a$ en L et le cercle circonscrit en V, $D_aL$ est égale à $D_aV$ et L est la pied de la perpendiculaire abaissée de l'orthocentre sur la médiane $D_aA$.

4° Les droites joignant G au point le plus bas et au point le plus élevé de $M_a$ sont les axes rectangulaires de l'ellipse maximum inscrite dans ABC.

5° *Les cercles de M'Cay* sont respectivement les figures inverses des côtés du *premier triangle de Brocard*, par rapport au cercle dont le centre est G et qui coupe orthogonalement *le cercle de Brocard*.

6° Les polaires des trois points homologues situés sur les côtés du triangle ABC, prises respectivement par rapport aux *cercles de M'Cay*, sont trois droites concourantes; le lieu du point de concours est le *cercle de Brocard* du triangle

IMPRIMERIE CENTRALE DES CHEMINS DE FER. — IMPRIMERIE CHAIX
RUE BERGÈRE, 20, PARIS — 26 49 7

www.ingramcontent.com/pod-product-compliance
Lightning Source LLC
LaVergne TN
LVHW020010170826
845677LV00022B/1084

* 9 7 8 2 3 2 9 6 2 2 1 3 2 *